给孩子讲述
外星人

〔法〕罗兰·勒乌克 著

王天宇 译

Les extraterrestres
expliqués
à mes enfants

Roland Lehoucq

人民文学出版社
PEOPLE'S LITERATURE PUBLISHING HOUSE

著作权合同登记号　图字 01-2021-4500

Roland Lehoucq
Les extraterrestres expliqués à mes enfants
ⒸÉditions du Seuil，2012

图书在版编目(CIP)数据

给孩子讲述外星人/(法)罗兰·勒乌克著；王天
宇译.—北京：人民文学出版社，2022
ISBN 978-7-02-014355-9

Ⅰ.①给…　Ⅱ.①罗…②王…　Ⅲ.①外星人-儿童
读物　Ⅳ.①Q693-49

中国版本图书馆 CIP 数据核字(2022)第 023789 号

责任编辑　卜艳冰　　郁梦非
装帧设计　李苗苗　　李　佳

出版发行　**人民文学出版社**
社　　址　**北京市朝内大街 166 号**
邮　　编　**100705**

印　　刷　**凸版艺彩(东莞)印刷有限公司**
经　　销　**全国新华书店等**

字　　数　**38 千字**
开　　本　**850 毫米×1168 毫米　1/32**
印　　张　**3**
版　　次　**2022 年 3 月北京第 1 版**
印　　次　**2022 年 3 月第 1 次印刷**

书　　号　**978-7-02-014355-9**
定　　价　**35.00 元**

如有印装质量问题，请与本社图书销售中心调换。电话：010 - 65233595

目 录

引 子   1

1. 在科学与虚构间探索   4

2. 外星生命   21

3. 存在外星生物么？   61

致 谢   86

引　子

　　人群慢慢地走出放映厅。克洛伊、莱昂纳尔和爸爸讨论着刚刚看完的电影——《阿凡达》。

　　太好看了！画面和特效都超赞！

　　潘多拉星球真棒。纳美人在大树下面散步的景色真是难以置信！里面的动物也做得很好。哇！要费多大的力气才能坐在斑溪兽上飞行呀！

　　不过，我不相信这些！斑溪兽和纳美人肯定不存在吧，爸爸？

　　的确，现在没有人知道外星人是否存在。《阿凡达》自然不是一部科学纪录片，它只是一部画面好看的娱乐科幻电影。从这一点来看，詹姆斯·卡梅隆成功了，我跟你们想的一样。有没有注意到潘多拉星球上的动植物和我们地球上的有些相似？有脊椎动物、肉食和草食动物，还有树和花。

对！蝰蛇狼像长了六个爪子的狼，槌头雷兽像是犀牛和锤头双髻鲨的合体！斑溪兽仿佛是长着龙头的翼龙！

没错！重铠马长得像马，吃东西时却跟蝴蝶一样。螺旋红叶是一种生长在森林里的植物，一碰就会收缩，这其实是参照了一种海洋虫类——大旋鳃虫，它彩色螺旋状的触手也是一碰就会收起来。更不必说外形和人类相近的纳美人了，尽管他们是长着四根手指的蓝色巨人。潘多拉星球上有这么多熟悉的生物，就是为了方便我们看电影的人理解画面。纳美人如果像毛球一样滚动，不仅很奇怪，我们也无法了解他们的感受。

　　这样做的好处在于，当看到这群想象的外星生物时，我们可以借助地球上的科学知识推算出它们的一些生物与生态特征。

1. 在科学与虚构间探索

真的吗？我们可以去探寻纳美人是如何生活的？

对！科学能帮助大家理解我们的世界，也能被用来分析科幻世界。假设这些世界真的存在，潘多拉星球上的生物是真的。那我们在看电影时能想到什么？好好看看它们。蝰蛇狼、槌头雷兽和死神兽都有六肢，我们把它们称为六足动物。这可能吗？达尔文进化论里解释，四足动物起源于同一祖先，就是拥有两对肢干的爬行动物，还有之前的两栖动物，因此它们的身体结构相似，都有一对前肢和一对后肢。如果达尔文的理论也适合潘多拉星球，那里的六足动物就是起源于同一个有三对肢干的祖先。奇怪的是，纳美人和斑溪兽却是四足的。这意味着它们虽然外表有差异，但祖先相同。

这样纳美人和斑溪兽不就成了表兄弟？真奇怪。

对，但这就是达尔文告诉我们的：如果它们都有四肢，就应该来自同一祖先。再拿植物来说，潘多拉星球上许多植物能发光，被称为发光植物。在地球上，一些昆虫（如发光虫）和深海鱼也能发光。在昏暗或没有光的情况下，它们因为要交流和狩猎而发出光线，比如夜晚的发光虫、深海中的鱼类：这就是生物的发光性。潘多拉星球上的夜晚又暗又长，这种特性在那里就有了意义。懂了吗？

我不懂！在电影里，我们白天和夜晚都能看清楚。

想想看，潘多拉星球是波里菲密斯星的一颗卫星，一个巨大的气体星球,电影里说它的大小接近土星。就像地球与月球之间的关系一样,在月球潮汐力的作用下,地球上会出现海潮。而波里菲密斯星也会在潘多拉星球上引起潮汐现象。地球也会对月球产生潮汐力。

但月球上没有海洋呀!

没错!所以在地球潮汐力的作用下,月球表面抬高了一米。还有一个影响:随时间的推移,潮汐力使月球的自转和公转周期变得一致。因此,我们总是看到月球的同一面。波里菲密斯星和潘多拉星球之间的关系也是一样!在太阳系中,土星和木星的一些卫星也具有这种共时现象。由此,可以推断潘多拉星球的自转更慢,夜晚也更长。随着物种的发展,一些生物也拥有了天然的发光能力!但有一个问题,在潘多拉星球漆黑的夜空中,波里菲密斯星一直在闪耀,根据它的体积,我想它发出的光应该比满月时强 1000 倍。

因此，夜晚不可能是全黑的，生物发光性好像也不是那么必要……

不管怎么样，这些发光的星球可真美！走到它们下面，还会更亮，就像在迈克尔·杰克逊的影片《比利·简》中一样。

就是因为这样，导演才会在电影里这么安排，尽管这和潘多拉星球的设定不符，它可是一颗十分闪耀的巨型行星的卫星。

纳美人居住的树屋呢？它们那么高，能住进去么？

的确，那些树真的很高大。地球上最高的树是巨杉，主要分布于洛基山脉和加利福尼亚州内华达山脉西部。它们最高能长到100米，直径可以超过10米！我们可以通过估算树屋主干的直径来推算它的高度。

真的吗？怎么做？

很明显，树木越高，它的树干直径就越宽。但树木的直径与高度并不成正比。据观察统计，如果一棵树的高度是另一棵树的四倍，那么它的树干直径并不是后者的四倍，而是八倍。这种差异的产生是因为在一棵树的成长过程中，它更易受到垂直方向力（如风的吹动）的影响。为了尽量避免被弯曲折断，树的直径的增长速度快于它高度的增长速度。将树屋的直径与人类直升机对比，我想它的直径宽度大概在 80 米左右。再依据地球上直径与高度之间的关系原则，树屋的高度简直惊人，将近 400 米！

真高！

但要注意的是，树屋底部是由许多直径宽度更小的树干交错组成的。从这一点上看，树屋和印度榕树

（无花果树的一种亲缘树种）很相像。印度榕树最大能覆盖数公顷土地，由近 300 个大树干和 3000 个小树干组成。刚开始，它需要依附其他树木才能生长。随后，从树枝长出气根，这些根一接触到地面就会变成茎干，它的生长范围也逐渐变大，并最终杀死了原本的支撑树木。如今，最大的印度榕树是在印度加尔各答附近的豪拉植物园里，它的直径超过 100 米！

真是令人惊叹！那斑溪兽，我们真的能坐在它们背上飞行吗？

先来看看它们有多大。和身高三米的纳美人相比，我估计斑溪兽的翼展达十多米，比地球现存最大的鸟类（信天翁和安第斯神鹰，后者翼展达三米左右）翼展还要长。风神翼龙是曾经地球上最大的飞行动物，生活在距今大约 6500 万年前的白垩纪晚期。它的化石最初在得克萨斯州被发现。其中的几块肩部骨骼显示该翼龙翼展惊人，竟长达 12 米，和斑溪兽一样。那它的总重呢？现存最大的飞行鸟类是一只雄性大鸨，有 20 多公斤重。研究者估计风神翼龙的总重将在 70 至 150 公斤之间。实在难以想象，要是它的脖子上坐着一个和它差不多重的人类，该如何飞行。再说当时地球上的人类还没有那么多！

所以我们不能坐在斑溪兽上飞行了……

恐怕是的。一个很有趣的问题，风神翼龙的翅膀那么大，那它是怎么起飞的呢？对于我们现在的大型鸟类来说，方法很简单。信天翁迎着风张开翅膀，它的流线形身体能够在飞行时帮助它将空气阻力减到最小。大兀鹰不会在地面停留，它会离地面保持一定的距离以方便起飞。据生物力学研究表明，风神翼龙用四只脚在陆地行走。随着一系列翼龙足迹化石的发现，这一假设得到了证实。《阿凡达》中的斑溪兽正是这样！起飞时，风神翼龙先像撑竿跳运动员一样用它带翅膀的四肢向前冲，再通过拍打巨大的翅膀离开地面。

斑溪兽也是这样！他们为这部电影真是考虑了很多。潘多拉星球上应该有许多鸟类吧？

对。潘多拉星球上有很多飞行生物，这并不奇怪，通过拍打翅膀起飞的方式早已被地球上的生物"创造"了三次。第一次是翼龙开创的，它们现在已经消失了。随后是鸟类，它们是恐龙进化到现在的后代。最后是哺乳动物，如蝙蝠。令人好奇的是，斑溪兽的呼吸系统和海豚差不多：它没有鼻孔，是通过隔一段时间张开两边类似鲸鱼的孔来呼吸。和人类不同，海豚的气管和食道并不相连：这两个管道是完全分开的，呼吸系统和消化管道之间没有任何交换。这一特性能帮助海豚在不咀嚼的情况下，一下子吞食猎物，或是在水下进食而不会溺亡。我们可以想象斑溪兽也拥有同样的内部结构。所以，它们不咀嚼吞咽食物，也不会窒息。它们的小牙齿并不是像我们一样用来咀嚼食物的，而是用来固定食物，方便它们用有力的上下颌碾碎食物，或是通过剧烈的摇晃来弄碎食物。之后，它们只要吞下剩下的部分就行了！

呃，这让我想起了《异形》里的怪兽。它长得真是奇怪，让人害怕。你相信异形的存在吗？

异形也是想象的生物，它的设计者是瑞士艺术家汉斯·雷德利·斯科特。但我的朋友，动物专家弗朗索瓦对它很感兴趣，还把它当成一种真实存在的生物进行研究。他跟我说，异形之所以会让人害怕，首先是因为它的外表和习惯令人恶心、排斥：它身型近似人类，但外表却像爬行动物；它全身漆黑，有很多牙齿，总是流口水，还很脏；繁殖方式也很奇怪。其次，它的身体结构和任何一种已知生物都不一样。它不像哺乳动物，外表包裹皮肤；也不像爬行动物，外表有鳞片；也不像昆虫和节肢动物（甲壳纲、蛛形纲等）一样，外骨骼由甲壳质构成。从侧面看，异形的胸部应该是由六对"肋骨"组成，它们一直延伸至后面的两个"喷口"处。这或许是一个呼吸系统。在电影里，异形能和人类呼吸同样的空气，而在其他星球上，当大气成分改变时，它也能呼吸。所以，它拥有一套外部人工呼吸装置似乎是合理的。它的头长得也很奇怪，往后高高地凸起，很难理解。其中肯定包含大脑，但也有可能是一种平衡器官，像某些生活在中生代的能够飞行或翱翔的爬行动物一样。至少是类似鲸鱼的"额隆"，里面储存着帮助它们交流和保持平衡的液体。

异形的头长得和翼手龙和海豚一样！

的确，至少我们在电影里看到的是这样。你应该也注意到了，它的鼻子、眼睛和耳朵几乎无法分辨。和爬行动物一样，它嘴里的牙齿几乎同样大小，和哺乳动物的完全不同。哺乳动物有四种牙齿：门牙、尖牙、前磨牙、臼齿。另外，它的舌头和上下颌扮演了同样的角色，这在地球上的已知生物中也是找不到的。异形的口水分泌旺盛，唾液腺也很发达。它的唾液主要起润滑作用，避免它在吞咽一大块食物时被卡住，也方便了之后的消化；但也可能含有许多有害细菌，就像科摩多巨蜥一样，一旦被它咬伤，可能会患上败血症！这些细菌与金黄色葡萄球菌以及其他的科赫杆菌不同，自然吸引了微生物学家的目光。但提取它们真是场冒险……

我可不会去冒险！它的血还是强酸性的！

对。异形的血极具腐蚀性，能够穿透金属，灼伤有机组织。这种血液要在体内循环，要么是它的血管真的具有抵抗性，要么是它的血液从身体组织出来后，如与空气中的氧接触后，性质发生了改变。你有没有注意到异形每只手有六根手指？和我们不同，它的两只手完全一样，而我们的则左右对称。它的每只手上有两个对置手指，即两个拇指，而地球生物只有一个。异形的尾巴也很奇怪，好像是由光秃秃的椎骨组成。它的生长过程或许和鹿角相似：血管外包裹着丰富的"绒毛"，它们帮助鹿角生长，待生长停止后，就会变干掉落。异形的尾巴末端尖锐，可以作为武器，一些草食恐龙的尾巴上也有类似的尖端或凸起的骨头用来自我保护。它的尾巴还能作为极佳的鞭子，可惜我们没能找到帮助其运动的肌肉肌腱……

对呀，没有肌肉就没办法摆动尾巴！你知道为什么它要用那么恶心的方式，贴着人的脸繁殖？

异形的繁殖系统很奇怪，十分可怕。在电影里，我们看到有一个洞穴，里面有很多异形蛋。因而，异形是一种卵生生物，它们的蛋会被集中在一起。它的幼体会在一个客体体内孵化成长。这是一种没有排异的寄生现象，而有关的两个物种，人类和"异形"，却没有什么共同之处。

我们谈论的关于异形的一切真是令人难以置信！

对呀！这些信息都是在地球生物多样性极其丰富的基础上通过对比得出的，凝聚了许许多多生物学家、动物学家以及其他动物研究专家的心血。经历了数个世纪的观察和研究，这是唯一一个我们得以一瞥的生物圈。对于可能的外星生命，我们只能做一些推测。但相信我们对外星生物的认识不会在此止步太久。

真的么？你的意思是在古代就有人设想外星人的存在了？

不，还没有那么早！据我所知，外星生物的形象最早出现在 1835 年，是一群生活在月球上的蝙蝠人，人们用一架想象中的超级望远镜观测到了它们。这些"月球人"被用来嘲讽当时的一些学者，后者认为自己在月球上观测到了人造建筑。最常见的外星形象自然是火星人，想象中的火星原住民。它们常常被描述为略微与人相像、丑陋、消瘦的生物，头很大，眼睛凸出，一般对人类都不怀好意。

它们还是绿色的！

没错，因此它们又被称为"小绿人"。这个颜色最早出现于"泰山之父"埃德加·赖斯·巴勒斯的一部小说——《火星公主》（1912）中。书中，作者描绘了许多不同的火星物种，其中一种皮肤是绿色的，十分与众不同。这个颜色之后又被其他作家使用，甚至还出现在了书名里，如哈罗德·谢尔曼[1]的《绿色的人》（1946）和达蒙·奈特[2]的《第三个小绿人》（1947）。在传统故事中，绿色通常会让人联想到幽灵或仙境中的人物。

另外，外星生物形象还能反映当时的时代。1838年，法国博物学家皮埃尔·布瓦塔尔发表了一系列以太阳系每个星球居民为主体的文章，带有进化论和当时殖民主义的思想色彩。通过描绘这些星球上的居民，布瓦塔尔为他的同时代人描绘了其他世界的乌托邦社会。后来，在讨论英国人对塔斯马尼亚岛造成的悲剧时，受哥哥弗兰克启发，赫伯特·乔治·威尔斯[3]于1897年完成了《星际战争》。在这部小说里，火星人成了我们最危险的外星敌人。同时，外星人也象

---

1 哈罗德·谢尔曼（Harold M. Sherman，1898—1987），美国作家，超感观知觉研究者。

2 达蒙·奈特（Damon Knight，1922—2002），美国著名科幻作家、编辑、评论家。

3 赫伯特·乔治·威尔斯（Herbert George Wells，1866—1946），英国作家，与法国作家儒勒·凡尔纳并称"世界科幻小说之父"。

征着未来的我们，处在一个更加发达的生物发展阶段的人类。威尔斯笔下的火星人只有一个硕大的头部和8对触手。它们自己无法移动，只能借助一些机器来行动。蒂姆·伯顿的《火星人玩转地球》就是一部关于它们的电影。最后，火星人与我们之间的差异让一些作家对人性的特点发起了哲学追问。在无尽的可能中，是什么定义了人类？

现在的电影里有很多有意思的外星人，如《星球大战》和《黑衣人》！

的确，我们通过电影想象出了许多不一样的外星人形象。面对这些千奇百怪的物种，导演德尼·冯·韦尔贝克还拍摄了一部十分幽默的短片，名为《外星生命系统分类》。在这部有趣的影片里，他根据地球物种的分类方式，对科幻作品中的外星人进行了分类，并得出结论，电影中出现的外星人大多与人类外表相似。考虑到扮演外星人的演员换衣服及活动的需要，这很合理。与人类相似的外星人的情绪也更易被解读。随着特技与虚拟演员的运用，如詹姆斯·卡梅隆的电影《阿凡达》，这一局限将逐渐被打破。但导演们并没有完全挖掘出地球的生物多样性提供的无限可能，还有许多惊喜在等待着我们。可惜，我们对那些左右对称，或是无法被同时看到头部、眼睛的生物不感兴趣。所以，在想象外星人原型时，大部分的地球生物都被直接忽视了。要知道"生命"一词不仅指"有智慧的生命"，它还包括了所有其他的生命形式，如38亿年前就在地球上出现的单细胞生物。外星人也有可能只是一个细菌！但这更不容易展现在镜头上了……

2. 外星生命

那就要用显微镜去看电影了！太不方便了！

当然！不管怎么样，如果想知道可能存在的外星人的样貌，就要从探索地球生命形式开始。有些形式还很新奇……

研究地球生物能告诉我们些什么？

首先，它们经历了长时间、复杂的演变，深受自身所处环境的影响。比如，我们就十分适应我们的星球。要是我们住在一个巨大的气体星球上，又会像什么呢？没有人知道。但也没有人能保证我们与可能的外星生命之间有相似的地方：我们无法确定外星生命形式是建立在细胞（地球的基础生命单位）之上，抑或是以 DNA 为基础——这是将杰克·萨利里的 DNA 与纳美人的 DNA 结合来创造阿凡达的必不可少的前提条件。

外星人电影，尤其是詹姆斯·卡梅隆的电影，都提出了有关生命单位与外星生命出现的问题。在一颗类似地球的星球上，那里的生物是不是像我们认识的一样？那里物种演进的历程是和地球一样，还是完全不同？过去地球上生命的出现是一种必然还是偶然？如果从第一个生命形式出现开始，地球生物的演变历程全部重新再来一次，那会怎么样？由于没能在地球之外发现生命活动的迹象和化石，这些问题到目前为止还没有答案，一直是争论的焦点。比如，一些生物学家继承了斯蒂芬·杰伊·古尔德[1]的思想，认为如

---

[1] 斯蒂芬·杰伊·古尔德（Stephen Jay Gould，1941—2002），美国著名古生物学家、科普作家，在博物学和进化理论上作出了重要贡献。

果地球生物演变历程重头再来一次，将会产生完全不一样的结果；但其他人，如西蒙·康威·莫里斯[1]，却认为新陈代谢和外形结构将保持不变。

我希望外星人和我们长得差不多。

不知道。无论如何，在考虑了所有使我们最终成为现在这样的必须因素后，如果重新再来的话，不可能一切都保持不变！

的确，一些生命是偶然出现的：每一代都会像DNA 内部一样出现偶然性突变；其中，一些突变是为了促进更好地生存。通过繁殖，这些有益突变被一代一代地保留，惠及众多生物。尽管进化中带有部分偶然因素（突变），但也有一定的必然性：有益的突变之所以发生，是因为一些深层的物质原因。因此，

1 西蒙·康威·莫里斯（Simon Conway Morris, 1951— ），英国剑桥大学地球科学系教授，研究古生物进化。

树几乎都是一样的：一个有力的垂直主干，即树干，在土壤中延伸根茎，支撑向外延伸的附属部分，即树枝。总的来说，这种外形特征是环境影响的结果：长得高是为了比其他植物获取更多的阳光，扎根于土壤中是为了汲取养分。早在3亿年前，石炭纪的树木状蕨类植物和芦木就具有了这种结构。再比如，动物界大约存在15种眼睛，它们感光成像的方式不同，最终作用却一样。一些昆虫、鱼类（如飞鱼）、翼龙（生活在三叠纪至白垩纪，即公元前2.5亿至6500万年间）、鸟类（恐龙的后代）和哺乳动物（如蝙蝠）具有飞行器官。符合流体力学的体型和鳍也多次出现在不同的物种上，且彼此完全没有联系：它们在鱼类身上体现得最明显，在鱼龙（生活在公元前2.5亿至9000万年之间的海栖爬行动物）、水栖鸟类（如企鹅）、水栖哺乳动物（如海狗）、鲸类（如海豚）和海牛目动物（如儒艮）身上也存在。产生这类相似形态演变的原因在于子弹体型的动物在水中运动时受到的阻力最小。遵循流体力学原理，这些物种各自采取了一种极其相似的方法，去解决在密度大的空间（如水）中的移动问题。

一些研究者提出了一种动物形态发生理论，将胚胎的形成归功于拥有物质，尤其是水。有生命的物质需要遵循一系列物理法则，自然，这些法则也解释了生命形成的大致情况。受某些物理法则限制，器官的功能和形态之间逐步建立联系，某一物种的生物龛及其涉及的器官也具有了关联，因此，在地球演进体系的内部，许多不同分支均使用了相似的方式以确保生存。这就是所谓的趋同演化。在自然选择的作用下，如今，地球的结构和生命结构一样井然有序，也充满了不可思议。通过突变和选择，演化经由组织发生：不需要最初的规则，它也能解释组织。一些物种彼此独立，却有相似之处，这并不因为存在一个上帝规划或宇宙的法则，这仅仅是因为所有的生物，尽管因自然选择产生了偶然性变异，但都受同样的物理法则限制。

那我们能想象外星人的样貌吗?

如果存在外星生命,或许它和地球上的生命一样需要经历数百万年的演变,并且由于物质遵守物理法则,它的转变过程都是一样的,地球与外星生命之间很有可能具有某些共同点。地球生命主要由碳、氢、氧、氮(还有一些磷、硫)组成,它们也是宇宙含量最多的四种化学成分。因此,我们有理由想象外星生命也是以这些成分为基础构成的。另一方面,无论是最简单的微生物,还是最复杂的生物,它们都拥有某些相似的基础功能。你们觉得是什么?

外星人应该会移动觅食吧!

好想法!大部分地球生物都能在液体或气体,在一个平面上或一定体积内,换句话说,在一个受重力影响、有一定密度的空间内移动。显然,不包括植物……

它应该会呼吸！

当然！从更广泛的意义看，它应该会和所处环境
进行交换，有时是为了呼吸，也可能是为了进食或排
出废物。

它还应该会看和感知周围发生的一切！

没错。它应该和所处环境互动，通过触觉、嗅
觉、听觉、视觉以及电磁场感应等获取食物、捕食者
或猎物的信息。还有其他吗？

呃……

它还应该会用交流（包括传递和接受）器官，通

过触觉、嗅觉、听觉、视觉或电磁场感应和同类交换信息。最后，拥有类似胳膊和手等控制器官的外星人能够利用环境，并在需要时制造工具。

你看，有那么多可能性与不确定因素。所以，证明外星生物和地球生物相像一点也不容易，但我们也不能确定两者截然相反。一些宇宙生物学家强调地球丰富的生物多样性预示着宇宙更加多样的物种。而另一些人却提出演化的趋同使得地球生物与外星生物的外形上拥有许多相似点。但我们的困难在于只有一个例证，我们在想象外星生物外形的时候，会很容易陷入一种"地球沙文主义"。从这一点看，"生命"显然不仅仅指"有智慧的生命"或"有脊椎骨的多细胞生命"。这些外表特征只不过是地球生物多样性的一块很小的部分，或许并没有普适性。地球生命从单细胞生物开始，大部分古生物学家认为至少在 34 亿年前就已经有单细胞生物存在。最古老的多细胞生物直至 12 亿年前才出现。假如有一天我们能发现外星生命，它完全有可能是一种微小的藻类或细菌。多细胞生命并不一定要有骨骼，尽管绝大多数受重力影响的地球动物都拥有这一结构。地球上最古老的椎骨化石可追溯至寒武纪时期，距今约 5.3 亿年前，而如今脊椎动物的数量仅占地球全部物种的 5%。如果地球生命史重新来过，脊椎动物或许再也不会出现，生物界也将由微观生物统治。

要是还有一些比微生物更有趣的小动物就好了……它们长着奇怪的头和眼睛，还有四肢！

但地球上不可能像科幻电影那样爆炸式地出现某些小型动物。这是一位在国家自然历史博物馆工作的同事告诉我的，他认识的动物数量多得难以置信，如海洋中的蠕虫绿蟥虫和无脊椎动物海参，这些动物初看都非常怪异。在他看来，这是因为它们与我们所熟知的生物毫无相似之处。此外，在以 0.1 毫米为尺度的微观世界中，有许多十分恐怖和奇怪的生物，如生活在淡水中的小型动物轮形动物门，或是缓步动物门，它们身体呈圆柱形，有四对脚且末端带爪子，口部有尖刺，向前突出。缓步动物门生命力很顽强，能在冰冻、干燥，或 x 光、紫外线照射的环境下生存。经欧洲空间局验证，它们甚至能在宇宙真空中存活！小型动物是几乎不可能被消灭的。在博物馆收藏的藻类植物中沉睡了一个世纪、已被风干的缓步动物门，一旦补充了水分，就会"苏醒"并分散开，如同什么事都没有发生。它们难道不是外星生物吗？还比外星人更顽强。

体型更大的生物中也有像外星人的。一些软体裸鳃动物两边能向外延伸，这是任何一位科幻片导演都不敢为外星人设计的。还有突眼蝇，它的两只眼睛能彼此分开，间距近似其身长。与《星河战队》中蜘蛛模样的昆虫一样，一些甲壳动物的外表十分恶心。事实上，由于不熟悉，我们对 95% 的生物都不了解。

这导致了在设计真正具有原创性的外星生物时，我们的想象力在很大程度上被限制了。

如果我们真的在参照所有地球生物后才去想象，那么外星生物会是什么样的呢？

首先，我们应该思考一下生物需要遵守的物理法则。

要遵守法则？

当然！比如要受重力影响。地球生物在演化过程中一直受到因地球重力产生的引力作用。所有生物进程都要和这一无处不在的力相协调。探索太空不仅可以帮助人们体验失重状态，还能研究在重力极其微弱的环境中，细胞及动植物是如何生长的。因而，我们在理解重力对生物影响的方面取得了重要进展。例如，骨细胞如果不能固定在某个支撑物上就会死亡。

一旦没有某一特定方向（向下）重力的作用，骨细胞会长时间漂浮在其浸泡的液体中，最终衰亡。此外，据证实，重力作用微弱会扰乱生物的新陈代谢、免疫功能和细胞分裂。

我知道还有一些实验是在太空培养植物，观测它们是怎样生长的！

当然，植物也受重力影响：它们的根远离阳光，沿着重力场方向延伸，而它们的叶子则是与重力场方向相反，向着阳光生长的。我们可以通过一个实验很容易地说明这一现象：将植物种在一个圆盘里，圆盘转动产生离心力，植物就会沿着人为改变的假的引力作用方向生长。失重时，帮助植物正常生长的机制无法运作，植物生长被扰乱。植物如何在重力作用微弱的条件下生长，这一问题至关重要，因为未来在执行远距离飞行任务时，如飞向火星，种植作物将会成为主要的食物来源。

　　重力还会影响生物所能达到的最高身高：强大的引力对身型高大的生物并不友好，那它是怎样发挥作用的呢？ 1638 年，伽利略发表了《关于两门新科学的对话》，并在"第二天"中探讨了结构的抵抗作用。他指出："显然，在一个极其高大的巨人身上，如果我们还想保留普通人的四肢比例，就必须找到一种更加坚固、也更具抵抗性的材料作为骨骼，否则相应地，他的抵抗力会比中等身材的人更弱；如果不加节制地提升高度，他最终会因自己的体重而弯曲、倒下。但据观察，身型变小，力量却不会对应减少，甚至一些体型极小的生物的抵抗力还成比例地更强；因此，我相信一只小狗能背动两三只和它身型相当的小狗，但马却背不动其他马"。你觉得呢？

　　嗯……伽利略的意思是狗比马要强壮？

对。另外，他还提出了以下论据。设想有两个生物，它们属于同一物种，但身高不同，前者是后者的两倍。由于长宽高都增加了一倍，前者的体积或重量是后者的 $2 \times 2 \times 2 = 8$ 倍。身体对骨架造成的压力和体重与骨断面之比相关。身高增长一倍，骨断面由于是一个二维平面，将增至原来的 $2 \times 2 = 4$ 倍。当我们计算人体三维时，还需乘以 2，所以体重的增长速度比骨断面更快。因而，最小的生物所受的压力仅为最大的 4/8=1/2：从力学角度看，体型较小的生物骨骼所受压力更小。由于身体所受压力随体型的增大而提高，大型动物比小型动物更加脆弱。我们甚至还能证明存在一个身高的临界点，一旦超过，该动物的骨架将无法支撑其自身体重，它将不堪自重倒下，骨头也会因压力而折断。地球生物的临界点身高为 30 米，经测算，人类目前发现的最大恐龙化石的身高与此相符。我们还要注意前面提及的，动物肢体以关节相连，比起全部由骨头组成，它们的连结更加脆弱：是肢体关节间的抵抗力决定了临界身高。

这意味着哥斯拉不可能存在，是吗？

好问题！你知道它有多高吗?

它是一只至少 50 米高的巨型蜥蜴。

的确，它很高。但另外，还要考虑动物有可能会在移动中跌倒，以及它在面对所属物种快速灭亡时，继续生存下去的能力。这些也对它的身高造成了限制：为了避免身体顶端的头部在摔倒时被折断，它不应该太高。将动物的身体作为一个多边形支架，顶点为支撑在地面的爪子，当动物的垂直重心在支架外面时，就会跌倒。对于两足动物来说，该支架是以它两足为支撑的一个四边形。它的垂直重心应该落在这一四边形的一个小平面上。因而，比起四足动物，两足动物并不稳固，更容易摔倒，它身体被折断的可能性也更高。我本可以通过一个简单的模型向你们展示，地球上能够避免摔倒的类人两足动物最高约 3 米，但它的制作耗时太长，十分困难。

这就是《阿凡达》里纳美人的身高！

或许导演知道这一点。那你们知道最高的人类有多高么？

我想是那个大约 2.4 米高的中国人。

鲍喜顺是现在活着的身高最高的人类。但迄今为止最高的人是美国人罗伯特·瓦德罗，他身高 2.72 米。

有没有可能避免这种因重力造成的身高限制，设想存在真正特别高的生物呢？

当然！只要想些办法就能削弱重力的影响了。效果最显著的是生活在水里。根据阿基米德浮力原理，漂浮着的船受到向上的浮力，部分抵消了浸没在水里的船体重量，也减少了支架所承受的应力。因此，最大的海洋哺乳动物、有史以来最大的动物蓝鲸显然比地球上最重的哺乳动物大象要大得多。第二个方法，不动！巨杉很容易就能长到100米高。最后一个方法，生活在太空里。远离了一切大型物体，重力微乎其微，问题自然也就不存在了。正如《星际大战5：帝国反击战》中的太空鼻涕虫，它们和小行星一般大，真不知道它们会吃什么……

对，我记得！这只巨大的虫子在试图摆脱帝国巡逻队追击的途中，还妄想吞了"千年隼号"！在它的行星上，它应该吃不到什么好的……

科幻作家还想象出了更奇怪的东西。哈尔·克莱蒙特[1]在小说《重力使命》(1954)中描绘了一次空间探测器的救援行动。故事发生在麦斯克林星，上面的重力加速度是地球的700倍，自转速度极快，地心（离心力最大的地方）引力"仅"为地球的3倍。为了回收探测器，人们求助了居住在那颗星球的外星人——麦斯克林星人。在当地极端环境的影响下，它们的身型呈圆柱形，长40厘米，直径5厘米，通过18对短小的爪子移动，身体前后有一对强有力的钳子。麦斯克林星的大气层由氢气构成，海洋里均为液体甲烷，麦斯克林星人呼吸氢气，将甲烷作为水使用。它们没有呼吸系统，由于身体直径小，氢气在身体内部一经扩散就被直接吸收了。地球上的昆虫也是一样，它们能通过气管系统将空气直接送入细胞。那些气管由外骨骼上的小口成长而来。受自身体型限制，昆虫的呼吸系统并不发达。事实上，昆虫越大，

---

1 哈尔·克莱蒙特（Hal Clement，1992— ），美国科幻作家，硬科幻小说的代表人物。

需要的氧气越多，由于缺少像我们一样有效的输送管道，因此它能吸入的氧气数量有限。但在石炭纪，大气中含氧量充足的情况下，昆虫的体型也异乎寻常。因此，巨型蜻蛉目昆虫巨脉蜻蜓的翼展能达到一米！

真是惊人！你能跟我们讲讲其他奇怪的外星生物么？

在小说《恐龙蛋》中，罗伯特·福沃德描绘了一个比麦斯克林星条件更为极端的环境。那里的生物生活在一颗重力是地球6700万倍的中子星上！这意味着任何形式的组合物质都像原子核一样结构紧凑。奇拉人是一种智慧型生物，重量与人类相近——70千克，身高却矮小得多：它们只有0.5毫米高，直径50毫米。奇拉人既不能呼吸，也不能讲话，因为中子星的大气层只有千分之几毫米厚！它们通过敲击中子星地壳，使其震动来进行交流。地球的生物界受电磁力主导，电磁力也影响了地球的化学组成。但中子星的生物界却不一样，它是受核力影响，质子与中子因核力作用相互联系，形成了原子核。由于核力比电磁力强大得多，奇拉的生物演进速度比我们要快100万倍。因而，它们发展速度快得令人难以置信，技术也很快赶上并大幅度超越了人类……

除了重力，生物还需要遵守什么法则么？

当然！还有分类法则。

分类法则？这是什么？

我们在研究生物的最高身高时已经发现它取决于两个因素，体重和骨断面，它们随身高变化而变化。这就是两个分类法则，它们展现了某些数量单位是如何随身高而变化的。这些变化也在其他情况下出现，并产生了重要影响，如身体与外界的热交换。

对个人来说，热舒适度不仅像我们通常所认为的那样，取决于外界实时温度，还取决于人体与环境间的热流：进出身体的热流越多，体感的冷热就更显著。的确，热流取决于空气温度，但也与空气的湿度、流动速度，以及我们所穿衣物的隔热质量有关。由于我们的身体总是比周围空气温度高，因而一直在流失热量。

这就是我们穿衣服的原因！

没错。拿成人和儿童来说，假设前者的体型是后者的两倍，维持体内温度所产生的热量是与身体体积成正比，那么成人产出的热量就是儿童的 $2 \times 2 \times 2 = 8$ 倍（人体是三维的）。这一热量会通过人体表面散出，成人是儿童的 $2 \times 2 = 4$ 倍。身高为儿童两倍的成人所产生的热量是前者的 8 倍，而他向外散发的热量仅多了 3 倍。由于成人体表所散发的热量与其自身生产的热量比值大约比儿童少了 2 倍，因此，成人对寒冷的感知不如儿童灵敏。

　　就是因为这样，我们在游泳时才总是感觉比你冷！因为我们个子更小！

　　完全正确！你们个子小，流失热量的速度也更快。这也就是为什么即使在气候适宜的时候，也还得盖好肚子。依据这一原则，小型热血的恒温动物如果身体向外散发热量过多，新陈代谢就无法保持它体内的温度恒定。所以，像老鼠、田鼠这样的小型哺乳动物皮毛厚实。另外，它们还得在白天寻找食物、吃东西：它们要通过丰富的食物来补充消耗的大部分热量。像个婴儿一样。体型最小的生物，如昆虫，它们的体温和环境温度一样。被称为是冷血动物。和恒温动物相比，它们不需要很多能量，但只有当外界温度足够高的时候，它们才开始活动。这种分类法则在另一星球上也成立。小型外星生物很有可能是冷血动

42

物，只有到达一定外界温度时，它们才会十分活跃地去寻找食物。

讨论了重力和分类法则后，我们再谈谈自己想象的外星生物。在你们心中，它们是什么样的呢？

嗯，和我们地球上的生物差不多吧，不是么？

完全不是！它们可能眼珠子突出，或是头上长满了眼睛！

都有可能！应该说在地球上，视觉的含义十分广泛。自然界存在许多感光系统。最简单的是一些单细胞光合生物，它们依靠感光细胞探测光的方向与强度，从而向光源方向移动，找到最合适的环境进行光合作用。大多数生物通过视蛋白群感测光线。对于我们其他的哺乳动物来说，视蛋白能吸收光能，产生能被大脑处理的信号。我们在动物身上发现了两大类眼睛，即单眼和复眼，它们在物种演进的过程中都曾各自出现过多次。

单眼有一个感光面，能通过折射（如脊椎动物）或反射（如圣雅克扇贝）在上面成像。鹦鹉螺是唯一一个单眼像针孔照相机（也可以被用来称呼暗房或暗箱）一样成像的动物。

对，我知道这个系统！光从小孔进入，在另一面成像。

没错！只有来自同一方向的少部分光线能通过小孔，因此，视网膜上只有很少的感光细胞能感知到光线。通过这一系统，眼睛能同时看清楚各个方向，但由于小孔能通过的光线数量有限，所以成像暗。圣雅克扇贝利用反射，能形成更亮的图像。它的视网膜后有一个凹形反射层，作为镜面。来自同一方向的光线因射入镜面的角度不同，反射方向也不一样，最后被集中在少数的感光细胞上，形成了一个明亮的图像。

对于脊椎动物和某些软体动物，它们在视网膜前有一个透明物质，就像我们人类眼球中的"晶状体"，光线经过这个物质折射后形成图像。这个透明物质还能分散光线，像放大镜一样，将来自同一方向的光线集中在视网膜的有限区域。

但苍蝇并不是这样看东西的，不是么？它们是复眼。

完全正确。复眼由许多感光的小眼组成。一些鞘翅目昆虫甚至有 3 万只小眼！它们的视野因而十分宽广。复眼很早以前就已经出现了，在伯吉斯页岩发现的最早的节肢动物，如大约 5.25 亿年前的奇虾，就已经长有复眼。最早拥有眼睛的动物是三叶虫，距今 5.43 亿年……你们有没有注意眼睛是长在哪儿的？

我们的眼睛分别长在两边。
对！但鸽子不一样！

的确。像猫或猛禽这类捕食者，它们的两只眼睛长在头部同一侧，彼此靠着，从而更好地判断与猎物的距离。而其他动物（如麻雀、兔子和老鼠）的眼睛则是分布在头部两侧，这扩大了它们的可视范围，方便探测环境中的危险。

鸟类的视力尤其好。它们眼睛的构造和哺乳动物相似，但它们的视网膜上有 4 种色彩感受细胞，灵长类动物只有 3 种，所以它们看到的世界比我们看到的更加丰富多彩。一般来说，它们的眼睛比哺乳动物相对更大，这也证明了这一器官对鸟类的重要性。比如，椋鸟的眼睛占它头部总面积的近 15%，而我们的眼睛只占 2%。鸟类的视网膜更加敏感，上面的感受细胞也比人类的更多。比如，麻雀的视网膜上每平方毫米有 40 万细胞，是我们的 2 倍！在天空中寻找猎物的隼，它的视网膜细胞密度是我们眼睛的 5 倍！一般，鸟类中猛禽的视力最佳。与我们相比，它们能从2、3 倍远，甚至更远的地方分辨毫末：红隼能在 50

米高空中锁定一只老鼠；游隼能在一千多米开外的地方发现一只鸽子。

那简直跟超人一样了！

还有些眼睛的构造更复杂！虾蛄的眼睛或许是动物中最神奇的，这类甲壳动物又被称为螳螂虾，尽管它既不像虾，也不像螳螂。那眼睛真可谓是"外星人"的眼睛。首先，它们的两只眼睛能彼此独立活动，提供360度的视野，每只眼睛都有三重视觉成像，且各有一个瞳孔。因此，可以帮助估算到物体之间的距离：每只眼睛都能提供一幅立体图像。其次，它们的眼睛能分辨偏振光，完美识别不同的颜色。借助12种光敏色素和3种不同的紫外线光感受器，虾蛄能比我们清楚分辨更多的颜色。蜜蜂、燕子，还有一种生活在北美的、在夜间活动的蝴蝶也对紫外线光很敏感。那些蝴蝶，无论雌雄，在我们看来都是翠绿色的，但在紫外线光下，雄性与雌性的颜色却完全不同。

有没有动物靠红外线看东西？

有呀！有些动物能捕捉到另一种我们人眼不可见的光线。例如，响尾蛇通过它眼睛和鼻孔之间的颊窝，即使在完全黑暗的情况下也能捕捉猎物。这一器官能帮助它探测猎物温热的身体散发出的红外线。颊窝的小孔内壁布满神经，能通过吸收红外线准确感知热量。它们对体温在30度左右的猎物所发出的光线尤为敏感。颊窝的作用和暗室一样，因而它的成像十分模糊，无法帮助响尾蛇辨别目标。响尾蛇更多地是借助嗅觉确认猎物，但一选择好猎物，红外线探测就足以让它一击即中了。电影《铁血战士》中可怕的外星生物也具有红外线可视能力，帮助它确定人类的位置……关于视力，还有最后一件有趣的事。

　　动物用不同的方式感知运动。视觉暂留现象将已经看过的图像与正在看的重叠：看转笔的时候，或者当我们看过一个光源再闭上眼睛的时候，这种现象尤为明显。视觉暂留的时长从 1/20 秒到几秒（当光源强烈时）不等。除了这种纯粹依靠视网膜形成的现象外，还有一种因大脑图像处理引发的视觉现象——飞现象。它是一种当图像连续出现时，人们产生的运动错觉。大脑会在图像之间填补上最有可能的间隙。这就是霓虹灯和其他装饰运作的原理：接连点亮灯泡，形成整体，就好像在传递一个信息似的。电影也是这个原理！每秒播放 16 幅图像，我们的大脑将这种连续播放解读为连续性，从而产生运动的错觉。某些动物产生飞现象所需的频率更高，如蜜蜂是 260 幅每秒。

你的意思是蜜蜂不能像我们一样看电影？

　　没错。它能分辨出每幅独立的图像，不会像我们一样"创造"连续性，产生运动的错觉。在我们看来模糊不清或完全不可见的快速运动的物体都能被它感知到。所以，眼睛不是一台照相机，视觉的产生也不仅仅依赖光学原理。大脑在处理视觉信息时，会为世界建立一个结构严密的图像。

　　另外，外星生物的眼睛也应该遵循光学原理——已经通过地球生物的眼睛被研究透彻了。因此，从这一点来看，一个拥有最好的地球动物眼睛的外星生物视力会特别好，或许并不奇怪。

外星生物不会也有耳朵吧？
我觉得肯定有！有耳朵才能听得到呀！

　　在地球上，只有脊椎动物有耳朵。但许多非脊

50

椎动物也能捕捉到声音。蜘蛛、毛虫和蟑螂，它们用爪子或身体上的毛发感受土壤和空气的震动。在脊椎动物身上，有可见和不可见的两类耳朵：两栖和爬行动物的鼓膜外露于皮肤表面，没有外耳，而鸟类的外耳则被简化为耳道，几乎没有耳廓。鱼也能通过头腔内的一套相对简单的听觉器官听到声音。与哺乳动物的听觉系统不同，鱼的内耳没有鼓膜，无法与外部交换信息。水中的声波直接经过鱼的头骨传播，到达内耳。

异形就是这样的吧，因为我们看不见它的耳朵。
扎扎·宾客斯可不同！它得竖起耳朵才能听见！

你们知道么？一些动物，如狗和马，它们的耳廓能随声源方位活动，从而更好地确定声源位置，有效地接受声波。而在人身上，帮助进行这项运动的肌肉已经退化，不再使用了。动物之间对声音的敏感度差异也很大。狼能听到很高的声音，频率高达 4 万赫兹（人类仅 2 万赫兹）。即使在 10 千米以外，它也能听到另一只狼的叫声。它的听觉十分灵敏，能听到几米外手表的滴答声。大象的听觉也特别好，它能听到人类无法听到的超低音。这些次声即使相隔数千米也能被大象感知，因此在远距离交流中十分有用。

鲸鱼也是用这些超低音交流的！

完全正确！其他哺乳动物的耳朵也很不一样。以蝙蝠为例，它的内耳道很长，能听到的声音范围很广，特别是频率极高的声音，如超声波，人类却完全听不到这类声音。另外，它们能通过声波确认障碍物或猎物的位置。所以，蝙蝠一直在发出超声波，分析回声。它的大部分声音感受器官和大脑的大部分区域都被用在了分析它最敏感的一小段波段上。蝙蝠不断调节发出的信号频率，确保它接收到的回声始终在自己最敏感的那一段。这种超声波回声定位系统能帮助蝙蝠探测到长度为 1 厘米的障碍物，尤其是它吃的那些昆虫。

就像是那个看不见的超级英雄，夜魔侠！

对，但他并不是外星人！他只是个经过改造的人类！

不管怎么样，能通过声音分辨方位真是方便。就好像蝙蝠有个声音手电筒一样。

就是这样！海豚也有套复杂的发声系统。它们能发出不同类型、不同频率的声音，一些用来交流，另一些用来空间定位。海豚能通过"额隆"向一个确定的位置发送声波。"额隆"是位于额头下方的一个由油脂组成的球状物体，起声透镜的作用，它能帮助海豚像蝙蝠一样辨别障碍物或猎物的方位。它还能帮助海豚远距离攻击猎物，通过强大的声脉冲扰乱猎物方向，甚至打伤猎物。海豚在下颚，吻突前段还有一个声音感受器：通过那里接收自己发出的声波。借助这些信息，它在大脑中形成了一幅真实的声音图像，了解猎物的大小、形状和运动状态。

当光线微弱或没有的时候，在夜晚，在深海或是当水中充满漂浮颗粒时，声纳是替代眼睛的最佳选择。而且声纳能一直保持运作，在很远的距离——利用最低的声频，探测距离达数百米——确定猎物和障碍物的位置。最后，声波不仅能在水中传播：它还能穿透密度更大的物质，能帮助寻找藏在沙中或海藻里的鱼。但对于群居动物，它们的同类可能会扰乱回声定位技术发送和接收的信号。

快！继续！我们换个话题！嗅觉！

好。你们觉得嗅觉与视觉或听觉之间有什么不同？

我们从不知道气味是从哪儿来的。但对光线或声音来说，这很容易。

对。和光线不同，气味不沿直线传播。气味分子随空气的运动而运动，它们的到达方向和源头没有任何联系。但在没有光线或光线被散开（比如在雾里）的时候，嗅觉或许会十分有用。对于生活在常年云雾环绕的星球上的外星生物来说，嗅觉可能会更有用，也更发达。但我们还是先从地球谈起吧。

不谈外表，人类的嗅觉已经得到了相对的开发。一些物质通过很微小的量就能被探测出来：我们的几十个感受细胞只要得到几个硫醇分子就能辨别出臭鼬或是整蛊玩具臭球的特殊气味。另外，借助嗅觉，我们还能探测天然气泄漏。天然气原本无论是它自身还是在气体系统中都是没有味道的：我们在天然气中加入乙硫醇，方便气味探测。所以，气体泄漏就算看不见，也能闻得到。

哪种动物嗅觉最好呀？

我想应该是狗。

狗的嗅觉当然比我们好。我们还利用这一点去寻找消失的人或检测药物。但地球上嗅觉最灵敏的是小天蚕蛾，雄性小天蚕蛾在几千米开外就能探测到雌性的气味。它的化学感知器官十分敏锐，能探测到唯一的目标分子。对于蜗牛和蛞蝓，嗅觉器官是最重要的感觉器官：第一对可伸缩的触角通常被称为"角"，上面长着它们的眼睛和一个嗅觉球；第二对则是十分灵巧的嗅觉和触觉器官。蚊子在辨认我们的位置时也很敏锐。它们的二氧化碳感受器官能在最远距离30米的地方感知到人类的呼吸。它们甚至还能感受到肌肤汗液飘散到空气中后分子中的丁酸和乳酸。最后，它们还能辨别身体温度。一旦确定猎物位置，敏锐的热感受器官就能帮助它们找到能够吸食的小静脉。如果外星食人生物也具有和雌蚊一样的能力，我们几乎是逃不了的！

蛇也是靠舌头感受外界的，不是么？

蛇没有鼻子，用舌头"尝"气味。它们的舌头
细长柔软，呈分叉状，能非常完美地捕捉到猎物在空
气、水，甚至是土壤中留下的一切化学信息。说得更
明白点，如果附近有只兔子，蛇即使看不见也能感觉
到它。这些被舌头感知的化学信息之后交由犁鼻器分
析。犁鼻器位于蛇的大脑和口腔之间，能接收外激
素，再转化并输送到大脑，由大脑判断这是否是一个
猎物。因此，虽然没怎么动，蛇也能在一定距离下确
定猎物。犁鼻器有两个囊接收信息，它们位于蛇的颚
部。蛇的舌头呈分叉状，由两个尖端组成，分别向那
两个囊提供信息。这种形态特征能帮助蛇形成立体感
知，探测到周围空间内的所有物体。这很有用，要知
道尽管蛇能感知到土地的震动，但它可是听不见的。

蛇能对周围形成立体感知？这真神奇！

它还不是唯一的！鲨鱼有时候被称为"大海的鼻子"，它的嗅觉也非常发达。水进入鲨鱼鼻孔后，在嗅囊中打转。嗅囊的褶皱增加了水和感觉细胞的接触面积，帮助鲨鱼发现极其微量的某些血液（血红蛋白、白蛋白）、肉类（氨基酸）、皮肤组成成分或鱼类排泄物（三甲胺、甜菜碱）。由于鲨鱼鼻孔是独立工作的，它也能形成立体的嗅觉！它的嗅觉不仅能被用来远距离确认猎物的位置，也被用来辨别化学成分，引导方向：分辨其他鲨鱼或同类雌性鲨鱼所释放的外激素；通过识别不同海域的含盐量，方便迁移或确认产卵或捕猎的地理位置等。

因此，我们可以想象其他地方应该和地球相似，那里的外星生物嗅觉十分敏锐，能仅靠着它们的鼻子在昏暗、云雾迷茫的世界辨别方向。像蚂蚁一样用气味交流，这有何不可呢！

外星生物也许还有其他在我们人类看来很奇怪的感知能力，比如能感受电场。

电场？

这是一个由电荷粒子组成的场，通过塑料尺和布摩擦产生，摩擦之后，尺子能吸起一些小的碎纸片。

对！这是静电！它还能通过摩擦气球产生！

完全正确。在地球上，这种感知能力大多出现在海洋生物身上，因为盐水比空气的导电能力更强。七鳃鳗、鲨鱼、鳐鱼、腔棘鱼和鲟鱼都有这种能力。它主要被用于辨别方位和交流。鲨鱼有一个特殊的感知器官，叫做洛伦兹壶腹，因此它对电场极其敏感，能捕捉到猎物肌肉收缩产生的微弱电场。极佳的嗅觉，再加上电场感知力，鲨鱼成了令人闻风丧胆的捕食者。电鳗是一种能产生强电场的淡水鱼，具有 3 对腹部器官，占身体总重的40%。它释放的电量电压能达到数百伏特，电流强度为 1 安培，足以使一个人触电而亡。当然，它的皮肤为它自身放电形成了一个保护膜。电鳗通过放电自保或捕猎。尽管看不见，但它还可以通过缓慢释放弱电流在泥水里辨别方向，寻找同伴。

这些都为我们设想外星生物提供了可能！

但还有一些我们不了解，或者没有观察到的。无论如何，外星生物的感受能力部分取决于它们所处的环境，也就是它们所在的星球。

3. 存在外星生物么？

那我们知不知道有什么地方能找到外星生物？

在过去很长时间里，我们一直认为月球或者火星上有外星生物。现在我们知道了这些星球上没有生命。不过，我们仍疑问火星上过去是否有过生命，而现在消失了。1995年，随着第一颗不绕太阳而绕另一颗恒星旋转的行星被发现，这个问题又有了新的转折。

对，我知道！它们被称为系外行星！

对。1995年以前，许多天文学家都猜想存在围绕其他恒星旋转的行星，但当时没有观测技术证明它们的存在。直到米歇尔·麦耶和戴狄尔·魁若兹在观测距离地球 48 光年的恒星飞马座 51 时，才发现了一颗重量为木星一半的行星，它的公转周期仅 4 天！这是一颗前所未有的行星，与绕着太阳公转周期为 365 天多的地球完全不一样。从这一颗开始，人们又发现了 1000 多颗系外行星。天体物理学家据此预测，在我们的星系内大约可能存在数百亿颗行星！

这些行星是什么样的？

科学家首先证明了最容易探测到的行星组成：那是一些巨大的气体行星，体积和木星差不多，有时与它们的恒星距离很近。技术的提升加快了发现的速度，仪器灵敏度的提高帮助发现了一些比地球更大一点的行星。如今，行星猎手们在意的，是希望寻找到另一颗地球，与我们的一样气候适宜的行星。然而，由于需要十分先进的仪器，这项工作依然收效甚微。

虽然目前还没有任何明确的发现，但专家们相信那些类地行星已近在咫尺。新的系外行星科学不断在给我们创造惊喜。2011年2月，致力于这方面研究的美国开普勒太空望远镜团队再次证明了这一点。它在距离地球2000光年的地方，探测到一个拥有6颗行星的新的恒星系统！这些行星的公转轨道彼此靠得很近，其中5颗很容易就会滑动到水星和金星之间。一些行星比地球稍大一些，半径是地球的2到5倍。另一些则被厚厚的大气层环绕。但更好的消息还在后面。开普勒团队还承认已经完成了1235颗"备选"行星的观测工作，其中5颗与地球一样大……

如果其他恒星也有同样多的行星环绕，其中肯定有一颗居住着生命，不是吗？

这完全不确定！行星对于生命发展有利，但这并不够。它还需要有适宜的条件。问题在于我们不知道可能的外星生物形式。因此，我们很难列出一份完整的清单，记录行星出现生命所应当具备的一切条件。但或许我们可以根据在地球上的观察，提出一些大致条件。

就像我之前说过的，生物应当可以很容易地和周围环境交换物质，无论是固体、液体（比如为了生长和进食），还是气体（主要是为了呼吸）。对这一条件，我持保留态度，因为它没有考虑到某些科幻作品中出现的可能的外星生命形式，如有意识的水晶（席奥多尔·史铎金《沉睡的宝石》）、能思考的星云（弗雷德·霍伊尔《黑云压境》），或是智慧黑洞（杰格瑞·班福德《吞噬者》）。但一个生物要能交换物质，这就对行星的大小进行了限制，它要能为一些生物提供空间。如果太重，它强大的引力将会阻碍物质交换；它还可能有一个密度大、厚重的大气层，成为像土星或木星那样巨大的气体星球。如果太轻，它的引力将无法长久地将大气吸引在它周围。比如，火星就是这样。它的引力只有地球的 38%，所以它的大气层早在 5 亿多年前就消散了。

就像《金发女孩和三只熊》的故事一样！小女孩总是选择既不太那样，也不太这样，而是刚刚好的东西。

星球也是一样！它既不能太小，也不能太大，得是刚刚好的大小！行星的大小并不是判断生命是否能在上面发展的唯一条件。由于液态水是地球生命发展不可缺少的物质，我们认为行星上也应该有水。这个条件能帮助确认一个星系的适居带，适居带是指在一颗恒星的周围，行星表面上能有液态水的地方。在太阳系中，只有地球处于适居带上。金星和火星分别在地球的内侧和外侧，金星太热，火星却太冷。如果我们的地球在金星的位置上，海洋将会蒸发。在太阳的紫外线光照下，高空的水分子会分解成氧气和氢气。氢气密度小，将会离开大气层，而氧气则会和地表矿物发生反应。最后，温度过高的大气层将满是二氧化碳。在已知的系外行星中，只有一颗行星位于其恒星的适居带上：格利泽 581 恒星的第四颗行星，大小是地球的 7 倍。

但地球并不总在恰好的位置上，在它早期的时候，太阳光还没有现在这么强。40 亿年以前，当太阳释放的能量只有现在的 80% 时，地球表面已经有了液态水。一种更加强烈的温室效应将液态水保存在了地表。适居性还应考虑行星大气层的作用。因此，一颗行星即使位于适居带，如果没有大气层，也还是有可能没有液态水。火星就是这样，它的大气层早在几亿年前就消失了：火星上的水几乎仅以冰的形式存在，位于两极，或是和尘土混合，覆盖在地表。

对，我以前在网上看过卫星拍摄的火星冰帽图像，真是震撼！那么，行星不仅需要大气层，还要在合适的位置，是吗？

差不多。但这两个条件很有局限性，它们只考虑了地表生命，而通过观测地球，我们知道在地底、冰下或土壤里也可能存在生命。1977年，科学家在加拉帕戈斯裂谷深潜时，发现了一些巨型虫、蛤蜊、贻贝和其他甲壳动物种群聚集在海底火山"黑烟囱"附近。这些生物不需要太阳光就能繁殖，这是因为它们的食物链主要是由靠分子（比如从地球深处涌出的硫化氢）的氧化作用获取能量的细菌组成。这种奇特生物链的发现是生物学的一次改革，它揭示了利用阳光的植物的光合作用并不一定是唯一的能量来源。热能或化学能源也足够生命发展了。它极大地丰富了外星居住环境的可能性。因此，尽管木星和土星并不在太阳的适居带上，但它们的某些卫星上有可能存在生命。土卫二（Enceladus）是土星的一颗冰冻卫星，在它被冰覆盖的地表上存在一些液态水块。它的表面并不适宜人居住，深层却有可能合适。木星的卫星木卫二（Europa）的情况差不多。在它冰层下20多千米的地方，有一个深度达几十千米的海洋，行星学家和外星生物学家一直在争论那里是否发展了生命。

如果我理解得没错，是不是说在条件很奇怪的地方，也有可能存在生命？

没错！这就是地球生物多样性告诉我们的：在地球表面、地底，还有一些完全不可能的地方，都存在生命。某些细菌具有超乎寻常的适应能力，或许很有可能存在于外星。我们还知道生命不喜欢寒冷，尤其是当温度低于水的凝固点时。水变成冰后体积变大，细胞随之膨胀变大，直至细胞壁被破坏。

对，如果我们把一个装满水的瓶子放进冷冻柜里，它就会爆炸！

没错。但在 1992 年，科学家们却发现了一种能在零下 2.5 摄氏度存活的单细胞生物，布氏拟甲烷球菌。还有一些具有柔软细胞壁的细菌，它们能产生一种防腐物质，承受零下 20 度的低温！这类细菌能在距离恒星很遥远的寒冷行星上生存。人们还在沃斯托克湖北部冰下 4 千米的地方发现了一种类似微生物的东西。沃斯托克湖拥有丰富的液态水储存，坐落于南极冰川下，40 万年来一直和地球其他部分相隔离。湖内可能存在十分怪异的生命形式，如果科学家能在不污染的情况下进行研究，它将会为我们展示许多冰冻行星上的生命形态知识……在高温方面，也有惊喜。2003 年，科学家在研究海平面以下 2 千米的火山管时，发现了一种单细胞生物，命名为菌株 121，它能承受 121 度的高温。

121 度？但水不是 100 度就沸腾了？

对，但海底的压力大，水的沸腾点也随之升高，

69

能超过100度。另外，菌株121还能适应高压，且不需要太阳光照射。自然，这类生物能在接收恒星能源很少的行星上生存。还有一种奇特的生命。一般来说，生物喜欢较为纯净的水；但红藻类蓝藻（Cyanidium caldarium）在美国国家黄石公园的极酸性火山温泉中却能繁殖旺盛。其他如沃氏富盐菌则喜欢很咸的水。这种属性是完全料想不到的，因为盐的量一大，就会使细胞脱水，杀死细胞。这并没有阻碍沃氏富盐菌的生长，它能在干涸的盐水湖中生存数千年。火星上有没有可能存在干涸的咸水海洋，里面有像沃氏富盐菌这样的生物？

在地球深处，远离阳光和空气的地方，存在着一种地球上最奇特的生命形式。它是一种细菌菌株，靠周围岩石释放的氢气和二氧化碳生存。这个在几年前刚被发现的细菌启发了人们的猜想，外星生命或许可以在卫星或看起来不适合居住的岩石行星的地表之下生存。但真正的生存之王毫无疑问还是抗辐射奇异球菌，它可以承受人类存活极限 3000 倍的高能辐射。尽管辐射会摧毁它的 DNA，但它具有能促进最重要部分再生的副本，以及快速修复 DNA 的机制。这种生物的存在说明生命可以在比地球辐射强度高得多的行星生存。

就像你们知道的那样，地球卓越的生物多样性提供了外星生命猜想的丰富可能性，这当中包括了一些在我们看来完全不适宜人居住的环境。

有趣的是，我们一直在太空中寻找外星生物，但它们早就在地球上了，只不过一直不为人所知。

对，在《黑衣人》里，地球就像是一个星际车站！

早在 1950 年，伟大的物理学家恩里科·费米就曾提出过这个问题。据说在一次午餐的时候，他提出外星智慧是否存在这个问题并疑问："但它们在哪里？"费米之所以对没有在地球上看到外星生命表示惊奇，是因为：

如果在银河系中，技术先进的地外文明在某些方面超过我们的话，

如果它们中至少有一个曾试图殖民银河系，

那么，我们可以计算出它们应该是有时间穿越整个银河系的，

但我们并没有看到任何地外文明的痕迹，

因此，在银河系中，从未出现过先进的文明。

这样一个看起来无懈可击，曾作为科学与哲学深入探讨的出发点的论证，却带来了令人如此失望的结论。

这一论证的关键出发点是计算银河系殖民可能所需的时间，费米认为大概是几千年。他的计算根据两点得出。首先是和物质扩散（如一滴墨水在一杯水中分散开）相类比。其次依据种群增长的数学模型。这一方法已被成功应用于描绘北方银狐的种群变化，还曾用于描述1347年肆虐欧洲的黑死病的蔓延方式。费米的设想分为两个阶段：以拓展的方式，从一个邻近恒星到另一个邻近恒星进行星际扩张，之后再在

被殖民的行星上增加人口。我们的银河系大约共有1000亿颗恒星，平均两颗恒星之间的距离是3光年（光以每秒大约30万千米的速度在一年内走过的距离）。如果飞船的速度是光速的1/10，那么它需要30年飞过这段距离。一旦到达目的地，移民人数就会不断扩张，面向新世界的新一轮殖民潮就此开启。假设人口增长的时间以1000年为单位，那么殖民人口只需4千万年就能占领我们整个银河系。根据这些参考因素，我们得到的数值永远是一样的：银河系将会在几千万年内被殖民。

这还得要一段时间！不能像在《星际大战》中一样，3分钟就从一个行星到另一个行星！

这肯定是一个比较漫长的过程，但比起我们银河系的岁数——大约100亿年——来说，还是很短的；地球上一些物种生命也比它长，如恐龙，它们统治地球超过 1.6 亿年。要知道人类出现才差不多 300 万年。那么，为什么在我们出现之前的文明没能殖民一部分银河系呢？当然，这种扩张模型可能是错的。一些人提议使用另一种物理理论，即渗滤理论，它能描绘如火灾蔓延或水在岩石缝隙流动的方式。他们认为殖民潮末期可能只留下了少数殖民地，它们聚集在"云"里，以没有被殖民的文明作屏障。因此，有可能存在许多被殖民的地区，也有可能是大片的空白区域，而地球或许就在那些空白当中。

那银河系就像是一块格律耶尔干酪，真有意思！

对！但奇怪的是，最多的评论不是物理学上的，而是来自社会学。一些人认为，比起殖民，先进文明还有其他事情要做。先进文明要么是关注更振奋心灵的精神价值，要么可能已经采取了生态学家强调的零增长，选择安静地待在自己的空间。另一些人认为先进文明很有可能已经自我毁灭或耗尽了它们的能源，最终阻碍了自身发展。最后，还有一种"动物园"假设，认为地球已经被其他外星生命参观过，他们后来就在远处观察我们。这些解释的缺陷在于，它们如果要成立，就必须适用于一切外星文明。再也没有比这更不确定的了。只要有一个文明是例外，它就能在几千年内殖民大部分银河系。

另一个了解是否真的存在外星生物的好方法是我们自己去殖民（一部分）银河系……这种冒险并不是没有一点可能性，只要我们能建造出可以承载许多人、飞行速度合理（如光速的十分之一）的大型飞船就行。如果采取适当的方式，差不多几十年就能建造出这样的飞船。完全不需要创造出一个像《星际迷航》中"曲速引擎"一样革新的推动系统，或是利用科幻小说里经常提到的"超空间"抄近路。原则上来说，现在的物理技术已经足以让我们探索邻近恒星了。困难在于这项任务的体量庞大，所需成本很高……

费米论证的第四点同样值得关注。我们对周围的观察是不是已经完善到能确定在银河系不存在任何技术先进文明留下的痕迹？

你是说我们可以试着去寻找智慧外星生物？

事实上，这早就开始了！1959 年，对宇宙其他智慧生命形式的探索有了新的转折，科学家提议用天文无线电接收可能的外星信号。第二年，无线电天文学家法兰克·德雷克成立奥兹玛计划，使用位于西维吉尼亚绿堤的无线电装置监听波江座天苑四恒星。一个月后，德雷克证实：没有捕捉到任何一个有效信号。这次尝试是往后一系列研究的开始。

1967 年，无线电天文学家约瑟琳·贝尔和安东尼·休伊什观测到一个十分奇怪的无线电信号，它极其规律，可能由一个地外文明发出。因此，这个信号曾被暂时命名为"小绿人 1 号"（Litte Green Men-1,

缩写为 LGM-1）。这个名字从未得到官方认可，它的发现者们害怕媒体对外星信号的关注会妨碍他们的正常工作。这一信号的物理来源随后得到证实，它是由一个高速旋转的中子星（也被称为脉冲星）发出的，自此，研究宣告开始。外星生命的假设已经被排除，再也没有被提及……

脉冲星，像黑洞一样么？

不，不！中子星只有在质量很大，超过太阳 3 倍时，才会变成黑洞。回到我们刚刚的话题。1992 年 10 月 12 日，适逢哥伦布发现新大陆的 500 周年纪念日，美国国家航天局（NASA）开启了一项名为"搜寻地外智慧"（MegaSETI）的创新计划。它的用途是持续监控天空，寻找异常信号。波多黎各的阿雷西博（Arecibo）、法国的南赛（Nancay）以及澳大利亚的帕克斯（Parkes）等著名的射电望远镜均被应用于这个项目。它们运转速度极快，处理相同的信号，奥兹玛计划需要 200 个小时，阿雷西博只要不到 1 秒! MegaSETI 计划实施不到一年，美国国会突然取消了对它的经济援助。一些协会和私人基金会支援了这项工作，它们在"搜寻地外智慧"计划（SETI）的基础上，创立了"搜寻地外智慧"联盟（SETI League）。随后，加州伯克利大学成立"搜寻来自近地外智慧生命群落的无线电波"（SERENDIP）计划，它使用的 SERENDIP 光谱仪如今已经发展到了第五代。SERENDIP 五代拥有阿雷西博望远镜口径达 305 米的天线，是一个直径达数米的半球体，置于接收天线的顶端。它有一个能同时监测 1.06 亿个波段的扫描仪，并能实时工作。1996 年，面对大量有待处理的信号以及大众的热切关注，两位科学家创造性地将互联网作为超级计算机，处理 SERENDIP 计划的数据。这个系统名为 SETI@home，如今，任何互联网使用者都可以贡献出自己电脑运算的部分时间，去分析被捕捉到的大量信号。

啊对，电影《接触》就是讲的"搜寻地外智慧"计划，女主角还碰见了外星人。

现在，我们还没"接触"上，还没有探测到任何外星生物发出的信号。而天空又这么辽阔，我们很难处理完射电望远镜接收到的大量数据。我们甚至都不知道外星生命会不会发射无线电信号，或者他们想不想。另外，一个文明如果想要在星际之间交流，就需要使用许多激光束，它们的指向性比一束微波强几千倍。但为了和南门二的朋友交流，向整个银河系发射信号有什么好处呢？这有些类似灯塔发出的光，如果我们正好在光线发出的方向里，就看不见那束指向性光线了。想要截获这种形式的星际谈话，自然很难。另一方面，我们可能存在的外星邻居还会想办法不被我们探测到。如果它们发送一个信号，那么信号传送的极限距离将受制于它以光速传播时能够存在的时长：这些天线电信号就像泡泡一样在宇宙中"爆炸"，我们却希望它们能一个个堆叠起来。1887 年，由德国物理学家海因里希·赫兹首次发送的无线电波至今仍在太空传播，它在经历了 124 光年的旅行后将逐渐消失。更遥远的文明还来不及接收它……

那我们有没有试着向外星生物发送信息呀？

当然有！人类已经向太空发送了几次消息了，或许是无用功，尽管连它们是否真的存在都不知道，但我们仍希望能和外星生物建立联系。

人类首次发出的信息被放在一艘太空飞船上。那是一块铝做的纪念牌，阿波罗 11 号的队员们在跨出人类在月球上的第一步时，把它放在了登月舱梯队的后面，上面画着一个地球，还有尼克松总统表达和平的信息。第二条信息随星际探测器"先驱者 10号"于 1972 年 4 月被发出，像是一张发给外星生物的明信片。这块镀金铝板上画着一对没有具体形态特征的裸体男女，他们象征着人类，还画着氢原子、注明地球位置的太阳系、探测器的运行轨迹和相对人的大小，以及14颗主要脉冲星的自转周期。它由天文学家卡尔·萨根和法兰克·德雷克设计完成。一个月后，"先驱者11号"带着相同的铝板走向太空。目前，"先驱者10号"与太阳距离大约104个天文单位（日地距离的104倍），它已经脱离了太阳系，向着毕宿五进发，并将在165万年后到达！"先驱者11号"则在向太阳系外的天鹰座前进。它现在与太阳的距离大约是84个天文单位，飞行速度接近光速。

要是一艘星际飞船能在几年后碰到它们，就有意思了。

但这几乎不可能，因为太空实在太广阔了。还有些人也曾试图向宇宙的大洋中投掷漂流瓶，比如1977年发射的飞往木星、土星以及更遥远宇宙的

"旅行者"1号和2号。它们为外星生物提供了一部真正多语种的百科全书：110幅图像，长达1个半小时的记录着时代音乐和声音的录音，这片金唱片本身就是一条编码信息。"旅行者"1号和2号如今分别距离太阳118和96个天文单位。还有很长的路要走，没有人知道星系投递员能否成功投递这条信息……

1974年11月16日，单口直径达305米的阿雷西博射电望远镜发送了第一条公开面向地外文明的无线电信息。这条信息由法兰克·德雷克和他的团队制定，包含1679个二进制数字。之所以选择1679这个数字，是因为它由两个质数相乘，只能被拆成23行和73列，或者73条行和23条列。如果按第一种方式排列，信息毫无意义，但如果按第二种，就会变成一幅包含人类和地球信息的图像。

那外星生物的数学必须很好！

没错，这种信息解读方式预设了外星生物是"聪明"的，会数学。但这也不一定。无论如何，这条信息已经被发往武仙座的球状星团 M13。M13 大约包含 100 万颗古老的恒星，其中一些相距不过 0.5 光年。这个星团距离我们大约 2.5 万光年，这意味着 5 万年不到，我们就有可能收到回复！阿雷西博信息并不是一次真正的与地外文明建立联系的尝试，而是对人类技术水平的一次展示。

1999 年，两位加拿大物理学家伊万·达蒂尔和斯蒂芬妮·杜马斯又设计了一条新信息，纳入"宇宙呼叫"任务中。信息的第一部分包括地球和人类的一些基本信息，第二部分是 1974 年的阿雷西博信息，第三部分则涵盖了所有参加这项任务的人的姓名，他们每个人都能发送一些图画或照片。这条信息分别在 1999 年 5 月 24 日、6 月 3 日和 7 月 1 日，由乌克兰叶夫帕托里亚的深空探测中心使用直径达 70 米的射电天文学望远镜发送。它将被发送到四个类似太阳的恒星上，四个恒星的位置都是经过选择的，以避免星际灰尘扰乱信息的传播。2003 年 2 月 14 日，"相遇团队"项目又发送了一条新信息。

最近的一次是在 2006 年 9 月 30 日。法国国家太空研究中心借助德法公共电视台的电视信号波，通过奥萨盖尔（图卢兹附近）的一架射电望远镜发送了一条电视信息，名为"宇宙联系"。2 小时 50 分钟后，这条信息被发往仙王座的少卫增八恒星，它又名为 Errai，距离太阳 45 光年。这颗恒星的质量是太阳的 1.4 倍，体积是它的 6.2 倍，诞生于 66 亿年前。2003 年，经德克萨斯大学麦克唐纳天文台确认，少卫增八拥有一颗系外行星。这颗系外行星的重量是木星的 1.6 倍，距离其恒星两个天文单位，公转周期为 903 天。生命几乎不可能在那里生存，但我们还不确定……

如果幸运的话，或许有一天我们能和星际邻居建立交流。除非，我们可悲的文明已经帮我们解决了这个问题，就像比尔·沃特森的漫画《凯文和跳跳虎》中的小男孩凯文面对森林里随处丢弃的垃圾时宣称的那样："我有时候想，宇宙中存在智慧生物的最佳证明，就是他们从未试图和我们联系"。

致　谢

　　真诚地感谢弗朗索瓦·穆图（法国国家健康安全协会）和纪尧姆·勒库安特（法国自然历史博物馆），他们为我提供了珍贵的建议和信心，完善了我对地球生物世界的了解。